一看就懂的 圖解 物理

5 光與聲

中國科學院物理專家 周士兵 著

星蔚時代 繪

新雅文化事業有限公司
www.sunya.com.hk

一看就懂的圖解物理⑤

光與聲

作　　　者：周士兵
繪　　　圖：星蔚時代
責任編輯：劉慧燕
美術設計：劉麗萍
出　　　版：新雅文化事業有限公司
　　　　　　香港英皇道499號北角工業大廈18樓
　　　　　　電話：(852) 2138 7998
　　　　　　傳真：(852) 2597 4003
　　　　　　網址：http://www.sunya.com.hk
　　　　　　電郵：marketing@sunya.com.hk
發　　　行：香港聯合書刊物流有限公司
　　　　　　香港荃灣德士古道220-248號荃灣工業中心16樓
　　　　　　電話：(852) 2150 2100
　　　　　　傳真：(852) 2407 3062
　　　　　　電郵：info@suplogistics.com.hk
印　　　刷：中華商務彩色印刷有限公司
　　　　　　香港新界大埔汀麗路36號
版　　　次：二○二四年五月初版

目錄

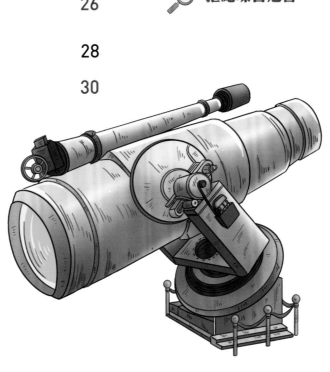

光

　　每天清晨，當第一縷陽光照進房間，新的一天便開始了，光可以說是自然界中與我們最息息相關的事物。不過，你知道嗎？人類直到最近的幾百年才真正了解光是什麼。光不僅僅能為人們照明，它還呈現了我們眼中的世界，更是地球上萬物的能量來源。光是如何擁有這麼多本領的？我們一起去認識一下這位熟悉又陌生的朋友吧！

神奇的魔法師——光

停電了，屋裏黑漆漆的，想看看書都不行……

嘿，你好呀！

你是誰？

我是世界上最厲害的魔法師。

我可以讓你看到一切東西。

是嗎？那你可以讓我看到書上的字嗎？

當然了，這還不簡單，看我的厲害！

真的變亮了呀！好神奇！

魔法師，我還想要好多好多零食，你可以幫我實現嗎？

啊……這……告訴你實話，其實我是光，不是魔法師。所以我可以把屋子照亮，但變不出零食……

原來是這樣啊！

我們「光家族」可大了！成員可以分為自然光和人造光兩大類。

你看，自然界中的太陽、螢火蟲和一些會發光的水母，它們發出的光都是自然光。

而房間裏的電燈、蠟燭和絢爛的煙花，發出的光則是人造光。

無論哪種光都能點亮我的生活。如果現在不停電就更好了。

你家停電可能是供電過程出故障，也可能是例行檢查，原因很多，需要專業技術人員處理。

唉，沒有電，要過古代人的生活了。

日出而作，日入而息。長夜漫漫，太無聊了。

也不一定，人類的祖先很早就發現光的重要性，古代人也不全是日入而息的。

真的嗎？他們是鑽木取火，用火堆照明嗎？

那只是遠古時候，古代的照明工具多種多樣，像油燈、蠟燭，甚至還有人用螢火蟲的光呢！

長信宮燈在1968年出土於中國河北省，被譽為「中華第一燈」，比外國的同類燈早了一千多年。

你知道「囊螢夜讀」的故事嗎？晉朝人車胤好學，但家中常點不起油燈，於是夏天時他就捉了許多螢火蟲放在袋子裏，借助螢火蟲發出的光讀書。

哇，是我孤陋寡聞了。那電燈什麼時候出現呢？

電燈的發明離我們比較近，1879年愛迪生成功製作第一個碳絲的白熾燈。

1877年愛迪生就和同事們在研究電燈，為了找到合適的燈絲，他先後用了一千六百多種材料試驗。直到1879年10月21日，才成功製成了第一個白熾碳絲燈。這個燈也不負眾望，持續照明長達四十小時。

感謝愛迪生！讓我們在黑暗的夜晚也能看清東西。

啊！來電了！光明又照耀我啦！

哈哈，恭喜你。不過我們光可不只會照明那麼簡單。

所有的生物都需要感謝我呢！

為什麼？

我還是一種能量，地球上的生物都是從太陽發出的光中獲得能量的呢！

沒想到你這麼厲害，看來我還要多多了解你啊！

好啊，希望我們相處愉快！

與光一起玩「捉迷藏」

原來如此。

所以，只要用東西遮住你，就可以把照在你身上的光擋開，這樣沒有光線從你身上傳到別人眼中，他們就看不到你了。

不過光想要走直線也是需要條件的。

那又是怎麼回事？

光可以穿過透明的物體，比如空氣、水、玻璃，它們是光的介質，只有它們是均勻的，光線才可以像這樣在裏面沿直線傳播。

對了，只要有光，立刻就能照到我，那光到底有多快呢？

光的速度可快了，你覺得高鐵和飛機已經很快了吧？在光面前，它們慢得彷彿靜止一樣。

飛機速度約每秒 270 米（m/s）

光速可達每秒 $3×10^8$ 米（m/s）

高鐵速度約每秒 70 至 100 米（m/s）

你知道孫悟空的速度多快嗎？

一個筋斗雲能翻十萬八千里，難道光比齊天大聖還快？

當然！十萬八千里，也就是$5.4×10^7$米，就算一個筋斗只需要一秒……

齊天大聖需要再快五倍多才能追上我。

我一秒就可以繞地球赤道飛七圈半。

太厲害了！簡直不可思議！

9

🔍 光的奇妙應用大揭秘

　　晚上，各式各樣的光源照亮了我們的世界。因為有光，我們能看到身邊的美景。在了解了光的一些性質後，你會發現光有很多巧妙的應用。

光年

宇宙中我們看到的星星離我們都很遠，為了衡量我們與這些遙不可及的星的距離，科學家發明了「光年」這一單位，它表示光傳播一年所走的距離。你知道嗎？除了太陽，離我們最近的恆星，也有4.2光年遠。我們現在看到的其實是它在4.2年前發出的光。

星星

太陽及我們看到的絕大多數星星都是恆星，恆星都能自己發光。

螢火蟲

螢火蟲發光是因為牠們腹部有一個發光器，發光器裏有大量發光細胞，其中的螢光素和氧氣反應，激發出光子，形成我們能看到的亮光。

汽車車燈

汽車前燈射出來的光束是直的。因為光沿直線傳播，我們可以調整車燈光束的角度，讓光照向地面，避免刺眼。

雷射測距儀

因為光沿直線傳播，所以可以用來測算距離。利用雷射發射和反射回來所用的時間，乘以速度就能計算距離。

皮影戲

又叫「影子戲」，用獸皮、硬紙板製成人物剪影。表演時，藝人在白色幕布後操縱戲曲人物的剪影表演故事。實際上，人們在台前看到的是人偶在燈下的影子。

隧道

開鑿隧道時，為了確保隧道方向沒有誤差，人們用激光引導挖掘機沿直線前進。

紙杯投影機

準備材料：

紙杯　剪刀　膠紙　畫筆　手電筒

實驗步驟：

五顏六色的霓虹燈

在高壓電場下，充入玻璃管的惰性氣體放電發光，氣體不同，發出的光的顏色也不同。

1 用剪刀把紙杯底部剪掉。剪的時候要注意安全！

2 用膠紙把整個紙杯底部再封起來。

3 在膠紙上畫上自己喜歡的圖案，比如熊貓、小房子、花朵等。

4 在一個黑暗的房間裏，把手電筒打開。

5 把手電筒的光打在紙杯口，你就在牆上看到圖案了。

原理

因為光沿直線傳播，所以可以將繪製在膠紙上的圖案投射到牆壁上。

電影院的投影機

如果你看過用膠片放映機放映的影片，就會發現放映機射向銀幕的光也是直的。電影放映機的原理與「紙杯投影機」類似。

影子

影子的形成原理是光在傳播過程中，遇到不透明的物體，在物體後面產生黑影。

排隊

我們是用光來看到物體的，而光在空氣中沿直線傳播，當視線被完全遮擋時說明我們位於前一個人的正後方。因此，如果隊列是直線，那麼隊列中後面的人應該只能看到前面的人的後腦勺。

11

見與不見——光的反射說了算

我預約了新開的牙醫診所，今天去做牙齒檢查，你能陪我去嗎？

好呀，一起去吧！

啊，張大嘴巴。

發現了一顆蛀牙，我幫你處理一下。平時要注意口腔衛生，少吃甜食啊！

好神奇呀，用這個居然可以看到壞掉的牙齒。

那當然，內窺鏡長長的管子裏包裹着一圈鏡子似的材質，光遇到它就會發生鏡面反射。

鏡面反射是指像這樣排列整齊的平行光，遇到光滑的鏡面，還能保持隊形被整齊地反射。它可以改變光傳播的方向。

這原理真有趣。回到家你再仔細說說光的反射吧！

沒問題。

鏡面不單單指我們平時見到的鏡子，平靜的水面、光滑的黑板，都可以稱為鏡面。

內窺鏡裏的光照出了你牙齒的影像，把影像顯示在螢幕上，牙醫就能觀察到蛀牙了。

我們可以把紙板豎直放在平面鏡上，更方便觀察。

光的「拐彎」也有自己的原則呢！

光真的「拐彎」了！

在入射光線和反射光線中間畫一條與鏡面垂直的線，我們稱它為「法線」。入射光線和反射光線會規矩地待在法線兩側，入射角和反射角相等，這就是光的反射定律。

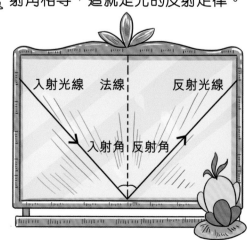

入射光線　法線　反射光線

入射角　反射角

如果把反射過來的光線照射回去，它還會沿着反射時一樣的路線返回。

嘿，我想到一個可以利用光的反射的方法。

這就可以解釋為什麼兩人在一面平面鏡前可以相互看到對方。

我明白了，也就是我看到了你的光線所走的路，你看到了我的光線所走的路。

最近我想觀察昆蟲，但很難看到昆蟲的肚子，現在我也可以用平面鏡製作個「肚窺鏡」。

不過物體不一定像鏡子一樣光滑，照到其他物體上的光又會怎樣呢？

太妙了！照到昆蟲腹部的光經平面鏡反射後進入你的眼睛，你一眼就能看到昆蟲的腹部了。

有的光會被反射，有的還可能被吸收。

昆蟲

玻璃

平面鏡

昆蟲的像

除了光滑的鏡面，大多數物體都會吸收一部分光，同時也會反射一部分光，比如這張紙。

凹凸不平的物體會把整齊的平行光反射得亂七八糟，朝向各個方向。這種反射叫「漫反射」。有了漫反射，我們才能從各個角度看到物體。

紙看起來很光滑，為什麼沒有發生鏡面反射呢？

哈哈，紙看上去是很平，但仔細觀察你會發現它的表面其實是凹凸不平的，還沒有達到鏡面的程度。

生活中有不少，快去找找吧！

光的反射太有趣了，我要看看還有哪些東西能反射光。

光反射的探索與應用

單車尾燈結構

單車尾燈大多表面平整，裏面有許多凸起的直角錐體，顏色為紅色的。

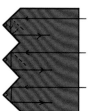

單車尾燈的反光原理

當後面車燈的平行光入射到單車尾燈中時，根據光的反射定律，入射光線經過兩次反射會與原入射光線平行地反射出來，這樣就讓單車尾燈看起來像在發光。

潛望鏡

潛望鏡是潛艇內人員在海面的「眼睛」，潛艇進入水底後，艇內人員可以通過潛望鏡來觀察水面上的情況。

潛望鏡中有兩個反射鏡，物體反射的光照進潛望鏡裏，會經過兩次反射到達人眼。這樣就可以通過它在水底觀察水面景物了。

手電筒中應用了光的反射，才讓燈泡的光線都照向前方。

巧用光的反射，人們就可以控制光的走向了！

月亮發光的秘密

月亮是地球的衛星，不是恆星，本身不發光。那為什麼晚上的月亮看起來亮亮的呢？這是因為月亮反射了太陽光，所以我們平時所說的月光，本質其實是太陽光。

湖中的月亮

你聽過「猴子撈月」的故事嗎？講的是猴子想要撈起水中倒映的月亮。水中的月亮就來自湖水對光的反射。湖水的鏡面反射將月亮的光傳入猴子的眼中。

公路兩旁的各種交通標誌

道路交通標誌會以簡單的圖示向道路使用者展示需遵守的法規及道路資訊，它的製作材質主要是基板和固定在基板上的反光膜。尤其是夜間，汽車車燈照射在這些標誌上後會直接逆向反射回來，非常明顯突出，目的是提醒司機注意標誌資訊。

城市大廈多用玻璃幕牆、光滑的大理石等作為外牆裝飾。當猛烈的陽光照射到這些外牆上，光就會發生鏡面反射，產生刺眼的光，干擾人們的正常生活，造成光害（光污染）。

汽車後視鏡的原理

汽車後視鏡不是平面鏡，其鏡面略為凸起，以讓司機看到更廣的範圍。

煩人的黑板反光

有的黑板表面過於光滑，當強烈的光射過來時，會發生鏡面反射，坐在反射光線方向的學生就會因為光線太過刺眼而看不清黑板上的字。

小實驗

流光如水

我們知道在光的反射中，光線都是直的，可這些直直的光線在一定條件下還能像水一樣被「倒」出來。一起來操作吧！

① 在塑膠瓶中裝約四分之三的水，蓋好蓋子。

② 將塑膠瓶橫放，請爸媽幫忙在瓶子高度二分之一處刺一個小孔。

③ 再將瓶子豎起來，瓶子會射出細水流，用小碟子接着水。

④ 請父母用激光筆從孔的對側照射出水孔，會發現光隨着水流到了盤子裏。

原理

光是沿直線傳播的，但把光和水放在一起，光就會隨水流不定向地反射，因此我們會看到光沿着水流方向做曲線運動。

15

神奇的折射光

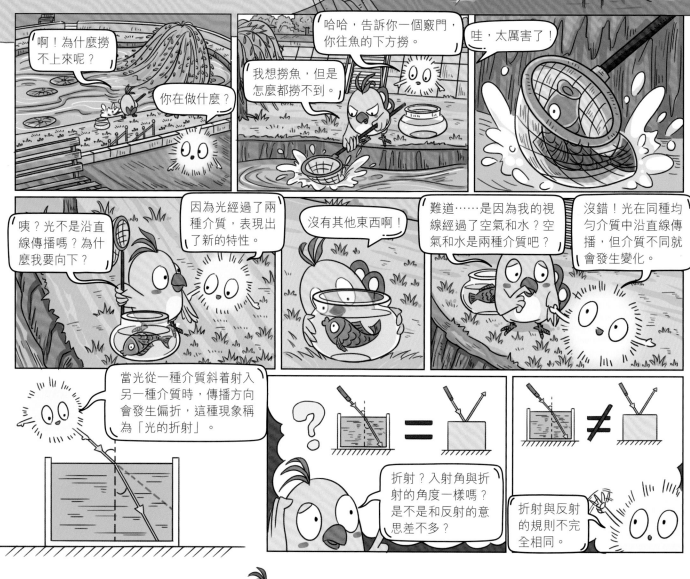

啊！為什麼撈不上來呢？

你在做什麼？

我想撈魚，但是怎麼都撈不到。

哈哈，告訴你一個竅門，你往魚的下方撈。

哇，太厲害了！

咦？光不是沿直線傳播嗎？為什麼我要向下？

因為光經過了兩種介質，表現出了新的特性。

沒有其他東西啊！

難道……是因為我的視線經過了空氣和水？空氣和水是兩種介質吧？

沒錯！光在同種均勻介質中沿直線傳播，但介質不同就會發生變化。

當光從一種介質斜着射入另一種介質時，傳播方向會發生偏折，這種現象稱為「光的折射」。

折射？入射角與折射的角度一樣嗎？是不是和反射的意思差不多？

折射與反射的規則不完全相同。

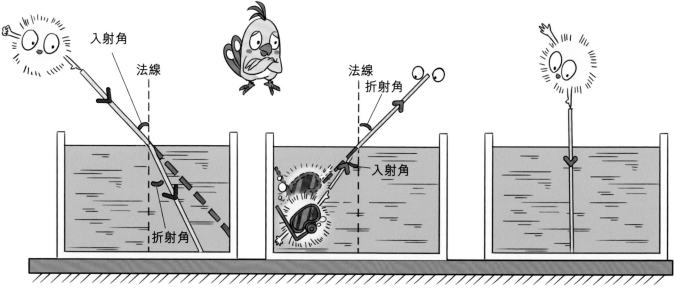

入射角

法線

折射角

法線

折射角

入射角

當光從空氣射入如水、玻璃等會讓光速變慢的介質時，折射的光線會向法線偏折。

如果反過來，光線從水向空氣中射出，光線就會向遠離法線的角度偏折。

值得注意的是，光從一種介質垂直射入另一種介質時，傳播方向不變。

那光不發生反射了嗎？

有反射呀！

光從一種介質進入另一種介質時，一部分光穿過兩種介質中間的介面進入另一介質，光線會發生偏折，即折射現象，還有一部分光會被介面反射在原介質中傳播。

入射光線　　反射光線

折射和反射真神奇！

折射光線

魚塘裏抓不到魚，是因為折射在作怪，讓視線出現了偏差。

我懂了！從眼睛方向經過的光，如果進入水後的折射光線不偏折，我朝着看到的魚的方向撈就行。

但它偏折了，所以我要朝着看到魚的位置的下方撈。

哇！真厲害！

我成功啦！

看來你學會了，那我出個小問題考考你吧！

碗底放一枚硬幣，不可以移動碗和硬幣，你能從碗的側面看到硬幣是多大面值的嗎？

哈哈，你確實懂得光的折射了。

可以借助其他工具嗎？

當然可以。

我要倒水進碗裏！

沒錯，你已經出師了，以後用這個問題考考其他朋友吧！

是五角！

哈哈，應用折射，我可以把碗底的硬幣「抬」起來。

硬幣的像

硬幣

17

🔍 會「騙人」的光

有一句話叫「眼見為實」，説的是我們總認為用眼睛看到的東西是事實。眼睛都是通過光看到物體的，我們眼中看到的東西都是光呈現給我們的物體的像。所以如果光有時「調皮」一下，給我們看一些經過折射的像，就會讓我們困惑不已。

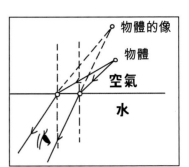

漁夫的秘訣

有經驗的漁夫都知道，捕魚的時候不能朝魚瞄準，只有瞄準魚的下方才能叉到魚，這是因為光的折射現象。

五顏六色的章魚

章魚的皮膚裏存在一種特殊的細胞，位於色素細胞的下方，它們形成了一個完整的稜鏡和反射鏡系統，其中包含大量明亮的部分，能夠折射和反射光線，使章魚的皮膚呈現出五顏六色的效果。

池塘的水很淺嗎？

由水底反射出的光線，從水中斜射出空氣中時，發生折射現象，人逆着折射後的光線看過去，就好像水變淺了。所以，即使你看到水比較淺，也千萬不要貿然下水，以免錯估水的深度，發生危險。

海市蜃樓現象

海市蜃樓多發生在夏季的海面上。夏天天氣熱，海水卻是涼的，海面附近的空氣比上方溫度要低，空氣會熱脹冷縮，因此上邊的空氣比靠近海面的空氣稀薄。來自遠處物體的光的一部分射向空中，由於不同高度，空氣的疏密不同而發生彎曲，逐漸彎向地面，進入我們的視線。觀察者逆着光望去，就在天空中看見了遠處的物體。

海面上的海市蜃樓

小女孩的腿「變短了」

在岸上的人看到站在水裏的小女孩雙腿變短了，實際上是經過腳反射的光線，從水中射到空氣後發生偏折，這樣沙灘上的人看到的腳的位置比實際升高了。所以，進入水中後，腿彷彿變短了。

水裏看樹，樹參天

因為光的折射，在水中看岸上的植物，會感覺植物變高了許多。

> 不對，中午時候熱，越近才會越熱，應該是中午離得近。

> 太陽早上剛出來的時候大，所以早上它離我們近。

兩小兒辯日，誰說得對？

人們看到太陽大小不同，是因為光的折射。地球外面有很厚的大氣層，早上陽光斜着穿過大氣層，折射幅度相當大，所以太陽看起來會很大；中午，隨着太陽不斷升高，折射幅度逐漸減小，人們看到的太陽最小；下午，太陽高度又在不斷減小，所以看起來太陽又會變大。其實太陽的大小沒變化，兩小兒說的都不對。

雲在水中漂，魚在雲上游

水裏的魚的反射光線，從水中射到空氣中發生折射，折射角大於入射角，折射光線進入人眼，人眼會逆着折射光線的方向看去，就會覺得魚升高了。平行的水面相當於一個平面鏡，當光照射到水面時會發生反射，所以看見雲在水中漂，魚在雲上游。

杯子和吸管

由於玻璃杯中的吸管的反射光線從水中斜射向空氣時，光線向偏離法線方向偏折，所以人們看到吸管在水中的部分向上彎折，其實只是吸管的虛像。

眼睛是如何看清東西的

你怎麼了？

最近看電視時間太長了，眼睛不舒服。

閉上眼休息一下吧！

我們的眼睛是怎麼看到東西的呢？你好像説過與光的反射有關。

還有，為什麼我看電視久了，眼睛會不舒服？我是不是把眼睛用壞了？

慢慢來，不要急，我逐一解釋給你聽。

想知道眼睛出了什麼問題，你首先要知道自己是怎麼看到東西的。你看這就是人類的眼球。

虹膜
可以調節瞳孔的大小，控制光進入眼睛的量。

瞳孔
光進入眼睛的入口。

玻璃體
眼球內的膠狀物。

視網膜
眼睛的感光部分。

角膜

晶狀體

視神經

透明的角膜、晶狀體和玻璃體組成一個完整的折光系統，從物體發射或反射的光進入眼睛，就會在眼中發生折射。

折射後的光線會讓物體呈現的像落在視網膜上，視神經細胞受到光的刺激，傳信號給大腦，我們就看到了物體。

光線

物體

晶狀體

物體的像

眼睛還有個特別厲害的技能，它可以調節光進入眼睛的折射角度。無論物體是遠還是近，都能讓折射的像落在視網膜上。

哇，眼睛是怎麼做到的？

靠晶狀體調節。

近處物體
　　當眼球肌肉收縮時，晶狀體會變厚，對光的折射能力變強，近處物體射來的光聚在視網膜上，我們就可以看清近處的物體。

遠處物體
　　當眼球肌肉放鬆時，晶狀體變薄，對光的折射能力變弱，遠處物體射來的光聚在視網膜上，我們就可以看清遠處的物體。

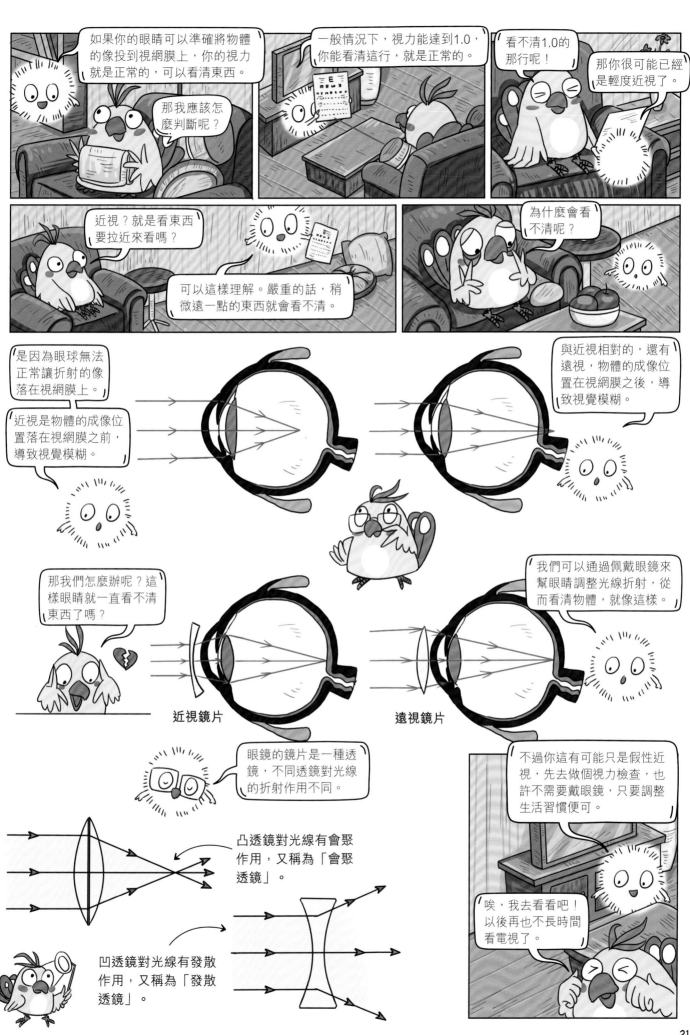

🔍 透鏡裏的新世界

　　近視眼鏡和遠視眼鏡分別是凹透鏡和凸透鏡，其實就相當於我們説的縮小鏡和放大鏡。這兩種透鏡可不得了，可以讓你上知天文下知地理，還能製造成照相機，留住美好記憶。

光學顯微鏡

　　光學顯微鏡是由一個或多個透鏡組合構成的光學儀器，用於把微小物體放大成肉眼可以觀察的程度。

目鏡
是靠近眼睛的凸透鏡。

物鏡
是靠近被觀察物體的凸透鏡。

反光鏡
一般有兩個反射面，分別是平面鏡和凹面鏡。平面鏡在光線較強時用來反射被觀察物體，凹面鏡在光線較弱時用來會聚光線。

載玻片
放置觀察物的玻璃片或者石英片。

顯微鏡下的微生物世界

照相機

我們眼睛看到的美景轉瞬即逝，但照相機可以幫助人們留住精彩的瞬間。

反光鏡

單鏡反光相機俗稱「單反」，就是因為它裏面有反光鏡的存在。這裏的反光鏡是用來取景的。

鏡頭

鏡頭是照相機的眼睛，它的作用是將要拍的景物清晰地反映到成像裝置上。它由鏡片和鏡筒組成，相當於一個凸透鏡，對應眼睛裏的晶狀體。

幻燈機和投影機

　　這兩種儀器是將幻燈片或投影片上的圖像，通過凸透鏡在屏幕上形成一個放大的像，以供多人觀看。

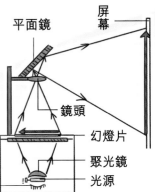

屏幕　平面鏡

幻燈機
鏡頭
幻燈片
聚光鏡
反光鏡　光源

屏幕

投影機
鏡頭
投影片
聚光鏡
光源
反光鏡

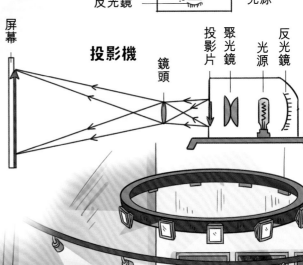

圖像感應器
將鏡頭上接收到的光學圖像轉換成電子圖像。

影像處理器
相機處理和儲存照片的裝置。

眼睛視物和照相機成像原理相同，見下圖：

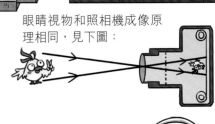

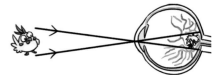

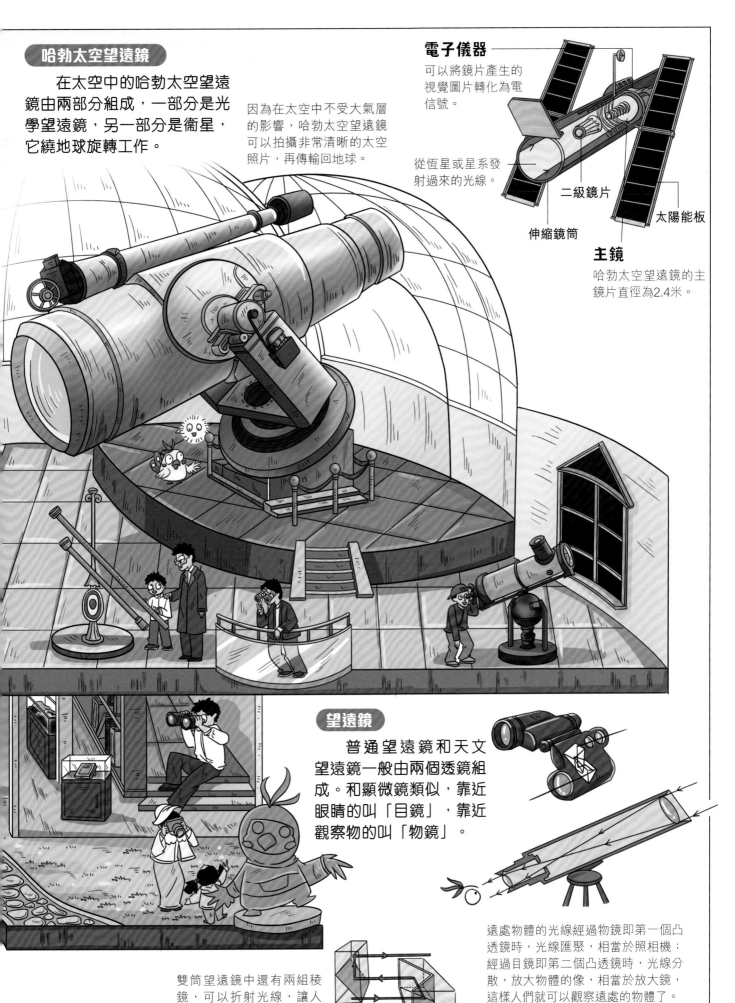

哈勃太空望遠鏡

在太空中的哈勃太空望遠鏡由兩部分組成，一部分是光學望遠鏡，另一部分是衛星，它繞地球旋轉工作。

因為在太空中不受大氣層的影響，哈勃太空望遠鏡可以拍攝非常清晰的太空照片，再傳輸回地球。

電子儀器
可以將鏡片產生的視覺圖片轉化為電信號。

從恆星或星系發射過來的光線。

伸縮鏡筒

二級鏡片

太陽能板

主鏡
哈勃太空望遠鏡的主鏡片直徑為2.4米。

望遠鏡

普通望遠鏡和天文望遠鏡一般由兩個透鏡組成。和顯微鏡類似，靠近眼睛的叫「目鏡」，靠近觀察物的叫「物鏡」。

遠處物體的光線經過物鏡即第一個凸透鏡時，光線匯聚，相當於照相機；經過目鏡即第二個凸透鏡時，光線分散，放大物體的像，相當於放大鏡，這樣人們就可以觀察遠處的物體了。

雙筒望遠鏡中還有兩組稜鏡，可以折射光線，讓人看到放大後正立的像。

光下的七彩世界

你在看什麼？

昨天下過一場雨，雨停後，那邊有好大一道彩虹。

我還數了，有紅、橙、黃、綠、藍、靛、紫七種顏色呢！

可惜，今天看不到了。

那有何難，你忘記我是誰了嗎？拉上窗簾。

真的是彩虹！

不是啊！光裏面本來就有這麼多顏色，只不過平時它們都混在一起。

你把你的光染色了嗎？

那麼多顏色光混在一起，大家都還一直以為我是白光。

早安！光，今天也很白淨呢！

在十七世紀以前，人們一直認為白色就是最單純的顏色，光是白色的。

直到1666年，英國物理學家牛頓用三稜鏡發現了光的秘密——光的色散，大家才發現太陽光（白光）是複合光，而紅光、綠光等才是單色光。

這就是三稜鏡，光束經過三稜鏡後，被分解成紅、橙、黃、綠、藍、靛、紫等多種色光，這種現象叫「光的色散」。

不同折射角度，決定不同顏色的光的位置。

光的色散也是光的折射現象，因為各種顏色的光折射的角度不同，所以白光經過三稜鏡後，各種顏色的光會分散排列。

太陽光中的紅光偏折最小，紫光的偏折最大，所以散出的顏色一頭是紅，一頭是紫。

色散？我之前只聽說過散射。

哈哈，它們只是名字相似，可別混淆。散射是光偏離原方向，而色散是把複合在一起的光分散成單色光。

如果我把這七種顏色的光集齊，是不是可以再合成白光？

是的，用一個三稜鏡分解的七色光再通過另一個三稜鏡後，七色光就會再次複合成白光，這種現象稱為「光的混合」。

不過，我見過的顏色應該不止七種吧！光還有其他顏色的嗎？

想要有其他顏色也很簡單，光的世界有三原色——紅、綠、藍，用它們可以混合成各種顏色的光。

在自然界中，紅、綠、藍三種顏色的光是沒有辦法用其他顏色混合成的，但其他顏色則可以由它們混合成，因此它們三個才被稱為光的「三原色」。

電視也是用這種三原色疊加的方式來呈現各種色彩的。

我們能看到多彩的世界，其實也是因為物體吸收、反射給我們的光不同所造成。簡單來說，物體最後將什麼顏色的光反射到我們眼中，我們就認為它是什麼顏色。

太有趣了！我想研究一下三原色以不同比例混合會調出什麼顏色！

你試試這個三原色合成實驗器吧，它操作方便，原理簡單。

太好了！我要用它創造出更多漂亮的顏色！

🔍 光呈現的美麗萬物

彩虹形成的原因

下雨之後，天空中懸浮着大量的小水珠，當有太陽光照射到這些小水珠上時，光線被分解成美麗的七色光。當彩虹的光進入我們的眼睛時，我們就會看到神奇的彩虹了。

天上的彩雲是怎麼形成的？

雲是空氣中的水蒸氣液化後形成的，當太陽光穿過雲層時，會發生光的色散現象，形成彩雲。

藍色水杯

當太陽光照射時，藍色杯子會反射藍光，吸收其他顏色的光，所以杯子呈現藍色。

街道的熒幕上鮮豔的色彩

發光二極體（LED）顯示屏上絢麗的畫面，就是由光的三原色混合而成的。不過隨着科技不斷發展，顯示屏類型也多種多樣，現在還有雙基色（紅、綠）LED顯示屏呢！

黃色的燈光

在交通工具上我們常使用黃色的燈光。因為黃色的光穿透力較強，而且在轉向燈和霧燈上使用黃燈，也比較不容易與紅色的尾燈混淆。

汽車的顏色

相對於吸收一切顏色的黑色，反射所有顏色的白色在夜晚會更為明顯，所以淺色的汽車會更安全。

為什麼停車信號燈用紅色？

光線通過空氣時會發生散射，而波長較長的紅光在空氣中的散射現象較弱，穿透能力比較強，傳得更遠。特別是遇到雨天或大霧天氣時，空氣的透明度較低，這種作用就更加明顯。因此停車信號燈用紅色會更容易被看見。

光的三原色是紅、綠、藍，而在顏料中的三原色是指紅、黃、藍。同樣，顏料中的三原色也可以混合出所有顏料的顏色。

為什麼投影機幕布都是白色的？

白色能反射一切光，而其他顏色的布都會吸收除自身之外的光。因此，如果用有顏色的幕布，幕布吸收了一部分顏色的光，被吸收的顏色便不能表現出來。只有用白色幕布才能反映出各種顏色，人看到的圖像才會更逼真。

綠葉

當太陽光照射到綠葉時，葉子反射綠光，把除綠光以外的其他顏色的光都吸收了，因此綠葉呈現綠色。

紅花

當太陽光照射到紅花上時，它會反射紅光，吸收其他顏色的光，因此呈現紅色。

當光照射到不透明的物體上時，有些顏色的光會被反射，有些顏色的光會被吸收，物體就會呈現出被反射的光的顏色。

但是，如果一個物體能將所有顏色的光都吸收了，那麼它就會呈現黑色。相反，如果它將所有顏色的光都反射了，那物體就是白色的。

原來這才是物體呈現黑色或白色的原因。

地鐵

不可見的光線

遙控器好厲害，隨便按一按就能控制電視機。

那可都是光的功勞。

哪裏有光？

就在這裏，遙控器是用紅外線傳遞信號的。

哈哈，指揮電視機的可不是簡單的紅光，它是不可見光裏的紅外線。

紅色的光真厲害，居然能指揮電視。

不可見光？彩虹裏的七種光，第一種就是紅光啊！

大家看得清清楚楚的，怎麼能說它不可見呢？

當太陽光被分解成不同顏色的光時，把這些光按一定順序排列起來，形成一條光帶，這條光帶就叫作「光譜」。

可見光

不過我們看到的只是其中可見光的部分。

光譜上紅光以外是紅外線，紫光以外是紫外線。

紅外線是1800年被英國科學家赫歇爾發現的。

紅外線和紫外線屬於不可見光，也就是我們肉眼看不見的光。

紅外線的穿透能力強，因此能用作遙控。

原來如此。

可是我能看見這個光呀！

你看到的只是紅光指示燈，紅外線是由發光二極體發射出來的。

電能

光能

28

🔍 隱身的好幫手

病房用的紫外線消毒燈

　　紫外線可以殺死細菌，所以利用紫外線可以達到殺菌消毒的效果。

　　紫外線消毒燈看起來是淡藍色的，但這並不是紫外線本身的顏色，是因為除了紫外線，燈光還被加入了少量藍光。

　　使用紫外線消毒燈時，必須先讓無關人員撤離，操作者要穿防護級別較高的紫外線防護服，一切就緒後才能開始消毒。

紅外線夜視攝錄機

　　攝錄機裏面的紅外線燈發出紅外線照射物體，紅外線在空氣中發生漫反射，反射回攝錄機形成圖像。即使在夜晚，攝錄機也能清晰「看」到周圍情況。

紅外線自動感應門

　　在自動門上裝紅外線感應器，它可以感受到物體發射的紅外線，從而打開門。而低溫物體，例如紙箱，它們發射的紅外線很弱，所以門就不會打開。

汽車紅外線夜視系統

　　隨着科技的發展，紅外線被應用到汽車的夜視系統中。系統通過探測物體表面輻射的紅外線能量，可以在雨霧天氣清晰地識別到前方行人，幫助減少意外發生。

> 紅光波長較長，可以吸收大量的紫外線。因此，夏天穿紅衣服可以阻擋來自紫外線的傷害，防止皮膚被曬傷，降低患皮膚癌的風險。

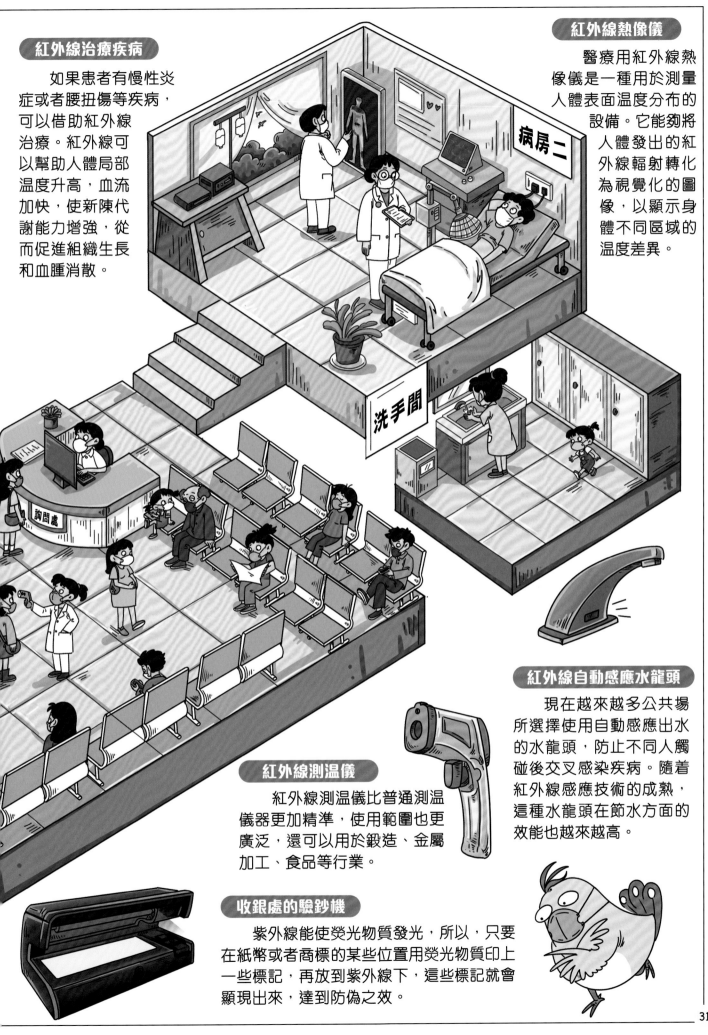

紅外線治療疾病

如果患者有慢性炎症或者腰扭傷等疾病，可以借助紅外線治療。紅外線可以幫助人體局部溫度升高，血流加快，使新陳代謝能力增強，從而促進組織生長和血腫消散。

紅外線熱像儀

醫療用紅外線熱像儀是一種用於測量人體表面溫度分布的設備。它能夠將人體發出的紅外線輻射轉化為視覺化的圖像，以顯示身體不同區域的溫度差異。

病房二

洗手間

詢問處

紅外線自動感應水龍頭

現在越來越多公共場所選擇使用自動感應出水的水龍頭，防止不同人觸碰後交叉感染疾病。隨着紅外線感應技術的成熟，這種水龍頭在節水方面的效能也越來越高。

紅外線測溫儀

紅外線測溫儀比普通測溫儀器更加精準，使用範圍也更廣泛，還可以用於鍛造、金屬加工、食品等行業。

收銀處的驗鈔機

紫外線能使熒光物質發光，所以，只要在紙幣或者商標的某些位置用熒光物質印上一些標記，再放到紫外線下，這些標記就會顯現出來，達到防偽之效。

聲

你喜歡音樂嗎？那是關於聲音的藝術。聲音有大有小，有高有低，還有各種各樣不同的音色。有些聲音令我們陶醉，有些聲音卻令我們厭煩，甚至有些聲音是我們聽不到的。聲音是如何產生的？它的本質又是什麼？它有哪些好玩的現象？一起來找出答案吧！

我們的新朋友——聲

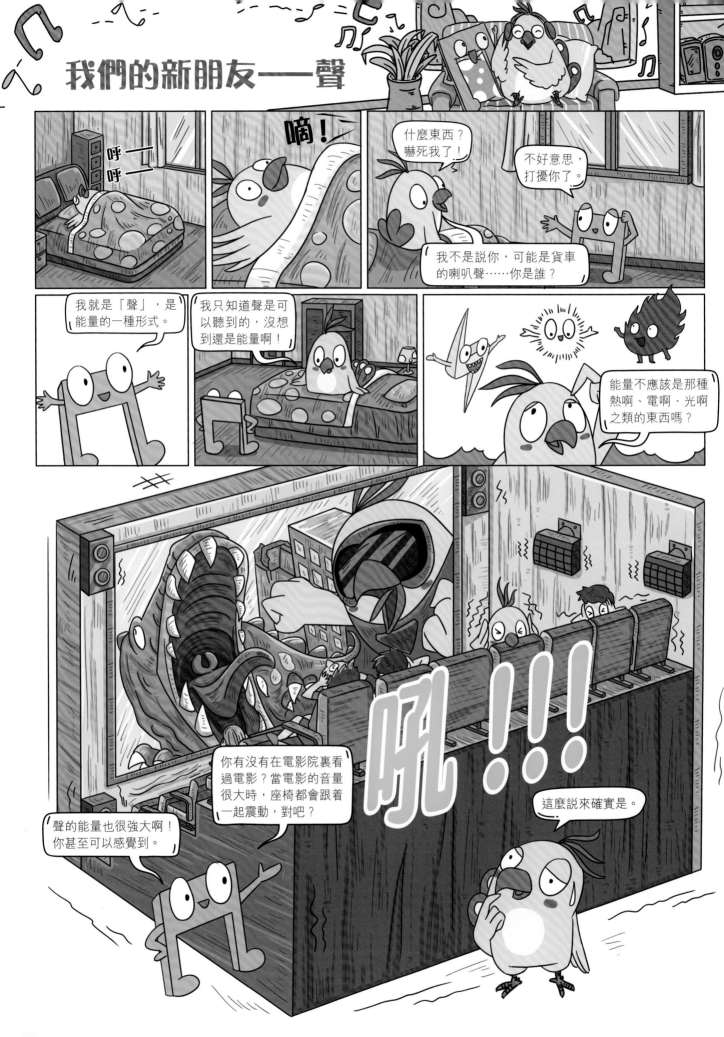

巨大的聲音，其能量是很強大的。

嘟！

嘭！

這麼一想，我剛才是被巨大的能量驚醒了啊！

那聲是怎麼產生的呢？

哈，這個問題其實很簡單。你用手摸着喉嚨，說話看看。

啊一

對！聲音就是來自物體的振動。

哦！我感到喉嚨在振動！

仔細觀察，你可以發現生活中有很多表現聲音來自振動的例子。

嘣一

用手撥動橡皮筋，可以看到橡皮筋振動，聽到「嘣」的聲音。

蟋蟀通過摩擦翅膀來發出響亮的聲音。

哦，對於音樂來說，準確地停止聲音也很重要啊！

咚！

咚！

看樂隊演奏的時候，有時你會見到鼓手用手摸住鑔片吧！那就是在停止鑔片的振動，使它的聲音立刻停止。

總的來說，控制了振動，就控制了聲音，我們甚至可以由此複製和再現聲音。

那是怎麼回事？

因為聲音的本質是振動，人們用各式各樣的設備，把聲音振動的模式記錄下來，再用某種方式重現這種振動，這樣就完成聲音的複製和再現了。

真是太厲害了！

如果我們可以完美地再現這種振動，就會發出和原本振動物體一樣的聲音。即使是百年之前的聲音也可以再現呢！

沒想到午覺沒睡成，卻知道了這麼多有趣的事。

哈哈，若你感興趣，以後我還可以告訴你更多關於聲的事。

把振動傳遞下去——聲的傳播

你在看什麼？

一部科幻電影。

為什麼他們不說話，要打手勢呢？

因為他們的無線電設備壞了，聽不到對方的聲音。

站得這麼近都聽不到嗎？喊得大聲一些就可以吧！

多大的聲音也沒有用，因為太空中沒有用來傳聲的介質。

那是什麼？

是傳播聲音所需要的物質。我來告訴你聲音是如何傳播的吧！

找到啦！

就用這個鬧鐘給你演示一下聲音的傳播吧！你還記得什麼是聲嗎？

記得，是由物體的振動產生的，這個鬧鐘的鈴就在振動。

現在，我把這個鬧鐘放到玻璃罩中，你還能聽到鈴聲吧？

能，只是聲音變小了。

現在我把這個罩子中的空氣抽走……

啊，聲音消失了！這是為什麼呢？

聲音是由振動產生的，傳播也需要振動，所以就需要可以振動的物體。鬧鐘本來振動了空氣，所以我們能聽到聲音。

當我們抽走了空氣，沒有可振動的物質，當然就聽不到聲音了。這種傳播聲音振動的物質叫「介質」。

哦，因為空氣不易察覺，我忘了它的存在了。

現在你明白電影裏太空人為什麼沒法說話了吧？因為太空中沒有介質，所以無論聲音有多大，聲音的振動都無法傳達到另一個人。

我明白了。不過，我還有一個問題，我們的耳朵是如何聽到聲音的呢？

那我們就來看看耳朵的結構吧！

我們的聽覺器官由很多部分組成，聲音要經過這些地方，才能被聽到。

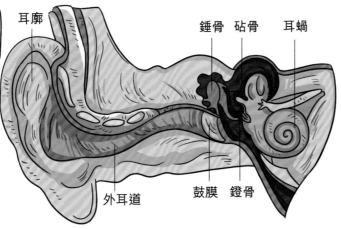

耳廓

錘骨　砧骨　耳蝸

外耳道　　　鼓膜　鐙骨

哇，真複雜！

聲音首先會通過空氣的傳導進入你的外耳道。

空氣的振動會讓耳朵中的鼓膜振動。鼓膜是一塊半透明、柔軟的薄膜。

鼓膜的振動又會帶動後面的聽小骨——錘骨、砧骨、鐙骨振動。

聽小骨把振動傳遞到耳朵的最深處——內耳。

內耳的彎曲、管狀的耳蝸中充滿了液體，振動影響液體時，會刺激耳蝸裏細小的毛細胞。

毛細胞最終會通過神經把信息傳遞給大腦，大腦通過這些信號就可以分辨聲音了。

還真是從頭振動到尾啊！

對，只要讓人體中的聽覺器官振動，我們就可以聽到聲音。

除了耳朵外，其實骨頭的振動也可以傳遞聲音。你知道大音樂家貝多芬吧？據說，他失聰後，用牙咬住木棒抵在鋼琴上彈琴，這樣他就可以通過骨頭的振動聽到聲音。

真是個堅韌不拔的人。

是啊！這也說明了固體的木頭和骨頭可以成為聲音傳播的介質。

也就是說，氣體、液體和固體都可以作為傳導聲音的介質！

美妙悦耳的藝術之聲

聲音是我們感知世界的重要組成部分之一，了解聲音的產生和傳播方式，可以幫助我們更有效地控制和利用聲音。音樂是聲音的藝術，你知道音樂家如何讓樂器發出動人的聲音嗎？為了讓觀眾能在音樂廳裏享受美妙的音樂，音樂廳又有哪些有趣的設計呢？

用嘴發聲的號

聲音嘹亮的號是如何發聲的呢？樂手將號嘴抵在嘴唇上吹氣時會發出「噗噗」的聲音。這種聲音經過金屬管製成的號被擴大，號就發出了嘹亮的聲音。

聲音的傳播和吸收

有些物質會吸收聲音。因為這些物質並不善於振動，當聲音的振動傳達到這些物質時，振動就會減弱、消失，聲音就這樣被吸收掉了。

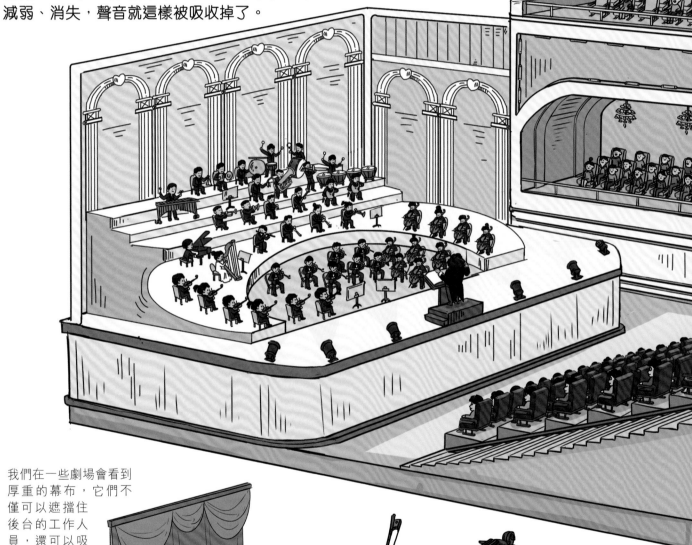

我們在一些劇場會看到厚重的幕布，它們不僅可以遮擋住後台的工作人員，還可以吸收聲音，讓後台的聲音不至於影響演出。

木質的共鳴箱會把聲音的振動放大，讓我們更清晰地聽到聲音。

弦鳴樂器發聲

小提琴、中提琴、大提琴都屬於弦鳴樂器，因為它們都依靠琴弦來發聲。當樂手用琴弓在琴弦上拉動時，琴弓會摩擦琴弦，使之振動，發出聲音。

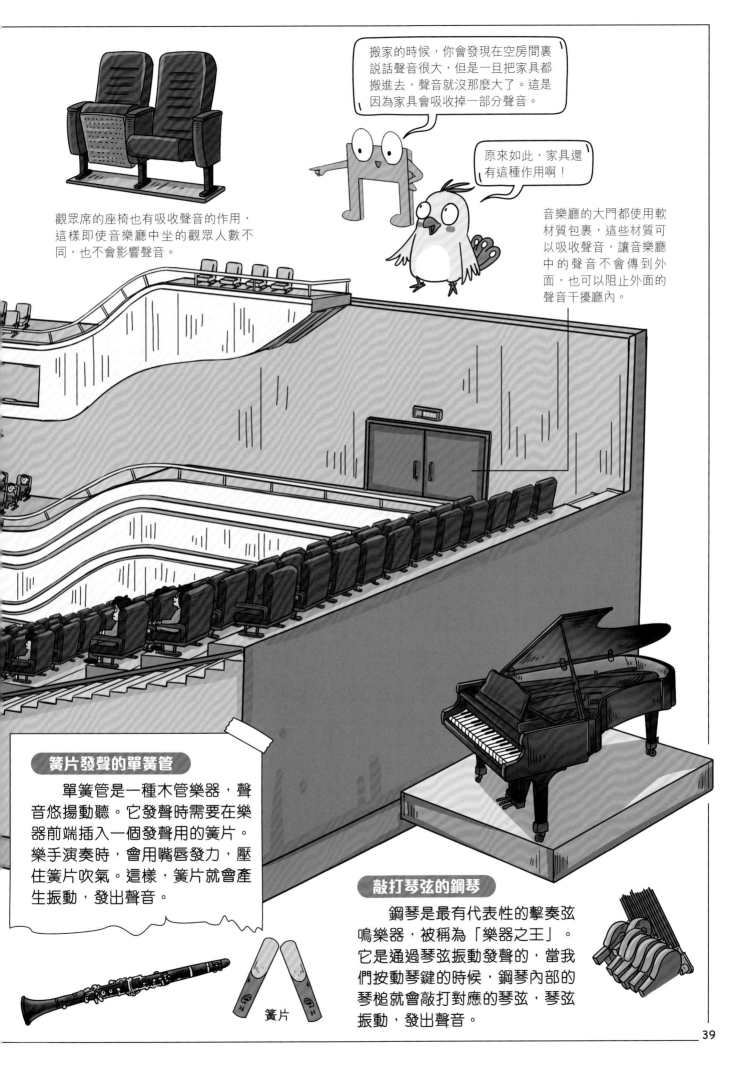

搬家的時候，你會發現在空房間裏説話聲音很大，但是一旦把家具都搬進去，聲音就沒那麼大了。這是因為家具會吸收掉一部分聲音。

原來如此，家具還有這種作用啊！

觀眾席的座椅也有吸收聲音的作用，這樣即使音樂廳中坐的觀眾人數不同，也不會影響聲音。

音樂廳的大門都使用軟材質包裹，這些材質可以吸收聲音，讓音樂廳中的聲音不會傳到外面，也可以阻止外面的聲音干擾廳內。

簧片發聲的單簧管

單簧管是一種木管樂器，聲音悠揚動聽。它發聲時需要在樂器前端插入一個發聲用的簧片。樂手演奏時，會用嘴唇發力，壓住簧片吹氣。這樣，簧片就會產生振動，發出聲音。

簧片

敲打琴弦的鋼琴

鋼琴是最有代表性的擊奏弦鳴樂器，被稱為「樂器之王」。它是通過琴弦振動發聲的，當我們按動琴鍵的時候，鋼琴內部的琴槌就會敲打對應的琴弦，琴弦振動，發出聲音。

像波浪一樣的聲

嘀

你敲這音叉好一陣子了，很喜歡這個聲音嗎？

我想弄明白你説的聲是怎麼傳播的，但是又看不到，正在想辦法。

聲傳播時的振動確實很難看到，不過有表現起來很像聲的東西可以幫助你理解。

哦？是什麼？

水波。這也是為什麼聲引起的振動叫「聲波」。

其實聲波很像這個彈簧玩具。

聲的振動傳播時，有的地方先被擠壓，然後又鬆開，看起來就像一種波傳了出去。

在空氣中，聲波的傳播就像這樣。

現在我們把聲當成波浪，就像這樣高高低低。

波當中的最高點叫「波峯」。

波當中最低的地方叫「波谷」。

波峯相當於壓縮彈簧緊密的地方，是介質粒子最密集的地方。

波谷就相當於彈簧最伸展的地方，是介質粒子最稀疏的區域。

你看，當聲傳播時，就像這水中的波紋一樣，向遠方傳出去。

哈，這樣很容易理解。

波還可以幫你理解聲的一些現象。

什麼現象？

比如音量的大小。

它與振幅有關。振幅就像波浪的大小，越大的浪，能量越大，音量就越大。

浪太大了，小船要翻了。

40

41

🔍 功能多樣的聲波

其實人類能聽到的聲音只是自然界中聲音的一部分。聲波是有頻率的，人類能聽到的頻率一般在 20 赫茲到 20,000 赫茲之間。頻率低於 20 赫茲的聲波為「次聲波」，高於 20,000 赫茲的聲波為「超聲波」。人們想出了很多應用聲波的方法，其中很多聲波你都聽不到呢！

可以穿透物體的聲波也常常用於檢查各種設備。超聲波可以把振動傳到鋼材等物質中，技術人員通過回聲的資料，就可以知道這些材質中哪裏出現了內部的損傷，從而排除隱患，確保安全。

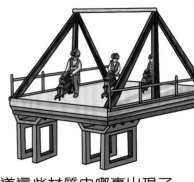

聲納定位

聲納是一種利用聲波導航和測繪的感應系統，主要用於水底測量。因為在水中，其他的波都難以傳播，但是聲納發出的聲波則很適合在水中傳播。通過發出聲波再計算聲波返回的時間，就可以準確測定出障礙物的距離，從而得出海底深度等數據。

傳感器

傳感器可以把一種信號轉換為另一種信號。在聲納系統中，它可以把電信號轉換成聲波，再把回收的聲波轉化為電信號。

海中的鯨可以使用聲納來定位，就像潛艇一樣。

發出的聲波

返回的聲波

潛艇的聲納

在沒有窗戶的潛艇中，艇員們是如何了解海底的情況，從而駕駛潛艇的呢？他們正是使用聲納探測來觀察水底情況的。在潛艇的前端有一個主動聲納，可以發出聲波探測。在潛艇的各處還布置着數個被動聲納，用來接收來自水中的聲波信號。

海豚發出的聲波接觸到魚等物體時會反彈，牠們能識別這些反彈的聲波，從而尋找獵物。

蝙蝠是我們熟悉的「聲納大師」，牠們喜歡生活在黑暗的環境中，練就了一身用聲納「看」東西的本領。

超聲波脈衝

體內的回聲

海豚是海中的歌手，牠們正是運用自己的歌聲作聲納定位和捕捉獵物。

你的肚子裏怎麼沒有寶寶呢？太令人失望了。

我肚子裏怎麼可能會有寶寶！

超聲波檢查

超聲波常用於身體檢查。醫生利用儀器可以發射超聲波脈衝到體內，再回收從體內器官上返回的回聲，從而得出超聲波圖像，了解體內情況，比如用作檢查孕婦體內的胎兒生長結構是否正常。

煩人的噪音

你在做什麼？

我在做實驗，想發明一個前衛的樂器。

快住手，你這是在製造噪音。

噪音？

是的，像你剛才那樣，發出那些雜亂無章的聲音，就是噪音。

可是，你唱歌也打擾到我了。

好吧，雖然我認為我的是音樂，但既然影響到你，那也可以被稱為噪音。

嘿嘿，是有一點點難聽。不過同樣是發聲，為什麼你的是音樂，我這就是噪音呢？

那是因為發聲體發出的振動波形不同。

你看，這種雜亂無章的振動就是噪音。

鐵劃過玻璃的振動波形

揉搓塑膠袋的振動波形

而樂音的振動就顯得很有規律。

優美的樂音的振動波形

以上都是從物理學角度說的。

所以我也是製造了噪音，對不起。

還好啦，我那些才是真正的噪音，確實會讓人討厭。

其實從環境保護角度看，凡是妨礙人們正常休息、學習和工作的聲音，以及對人們想聽的聲音產生干擾的聲音，都屬於噪音。

噪音的危害不僅僅是會讓人感到煩躁、注意力不集中，如果聲音過大，還會使人的聽力受到影響，甚至讓人患上神經衰弱、高血壓等疾病呢！

那我們怎麼確定聲音是不是太大呢？

人們用分貝（dB）表示聲音的強弱級別。人能聽到的最微弱的聲音是1dB；如果要不影響人的工作和學習，聲音就不能超過70dB；不影響休息和睡眠，聲音不能超過50dB。

噴射式飛機起飛：140dB

操作中的電鋸：110dB

嘈雜的馬路：90dB

正常說話：40dB

那我們有沒有辦法減少噪音呢？

當然有。

所有的噪音都要經過產生、傳播、接收這三個階段。所以，我們控制噪音也要針對這三個階段處理。

我知道了！

如果鬧鈴一直響，我可以把它關掉。這是阻止噪音產生。

如果你一直唱歌影響我，我可以去另一個房間。這就是阻斷噪音的傳播。

如果沒有地方可去，我可以塞耳塞。這是阻止噪音進入耳朵，減少接收噪音。

你真聰明！不過，我唱歌有那麼難聽嗎？

哈哈，舉個例子嘛！

那我再來一曲。

你先唱，我去隔壁聽聽隔不隔音。

拒絕噪音危害

　　噪音污染是一種看不見的污染，雖然肉眼看不見，但它同樣會影響我們的正常生活，甚至危害健康。現在，人們已經意識到噪音的危害，並想出了各種各樣的方法避免產生噪音或減小噪音的影響。

城市綠化帶

　　城市路邊的綠化帶不僅能淨化空氣，還能在聲音傳播的過程中充當隔離帶，減弱噪音。

自動噪音監測儀

自動噪音監測儀可以監測環境噪音，有一定的提醒作用。儀器測出目前的噪音為67.4dB。

噪音
67.4dB

汽車消聲器

　　汽車排出的廢氣離開引擎時會產生很大的壓力，如果不加以干預，就會產生令人討厭的噪音，因此許多汽車都會安裝消聲器。

通過多條通道使氣體分流，分氣流之間會相互撞擊，這個過程重複多次後，到達排氣總管的廢氣壓力會小很多，也就達到減小噪音的目的了。

汽車消聲器裏面有許多帶小孔的金屬隔音盤，廢氣從排氣管進入消聲器後，就會經過隔音盤從排氣管排出，這樣排氣的聲音就會小很多。

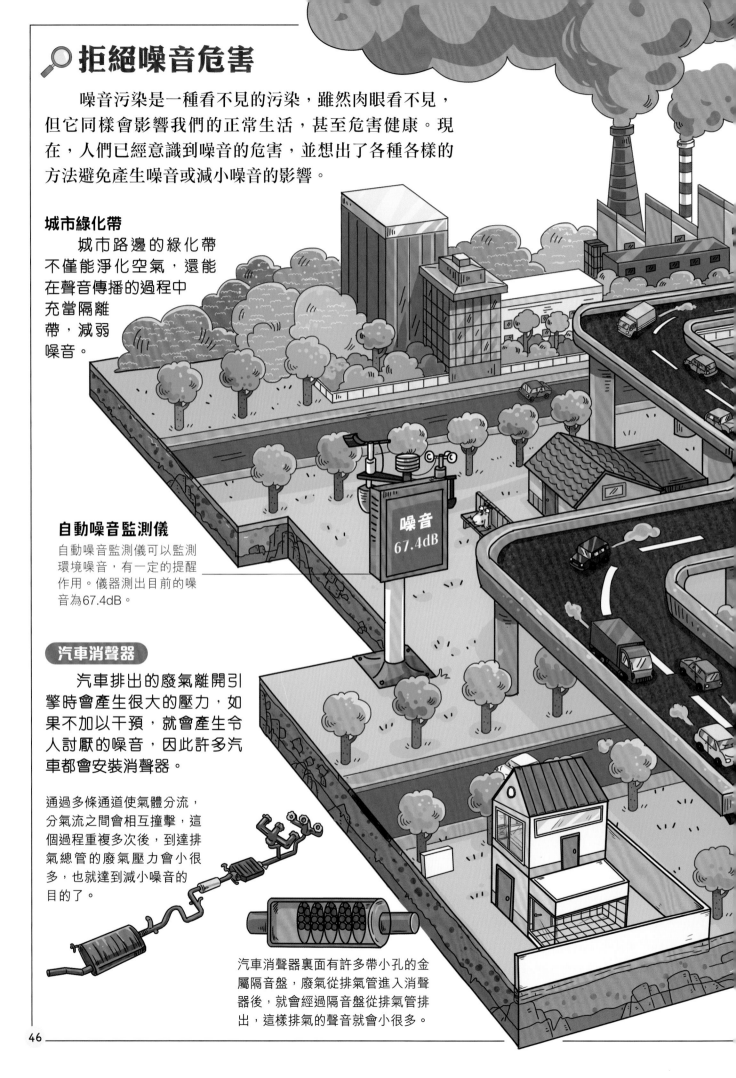

工業噪音

在噪音較大的工廠可以戴上防噪音耳罩，屬於在入耳處減弱噪音。

有時候，工人還需要通過機器的噪音情況判斷機器是否運轉正常，找出故障，消除安全隱患。

機場戴隔音耳罩的工作人員

飛機起飛和降落時都會產生高達140dB的噪音，在機場停機坪的工作人員需要長期佩戴隔音耳罩，否則聽力會受到嚴重損害。

雙層隔音玻璃

玻璃會阻隔外面的汽車、人等發出的噪音，增加一層玻璃可以逐層減弱噪音，達到高效降噪的目的。

「禁止響號」標誌

世界各地都制定了針對不同環境中聲音強弱的等級控制標準，比如在醫院、學校和研究部門周圍，都會出現禁止響號的標誌。

行駛的電單車排氣管也裝有消聲器，屬於在聲源處減弱噪音。

施工場地裏的隔音屏障

使用吸聲材料製作的隔音屏障，可以有效阻擋建築工地上的噪音，防止施工過程中的噪音擾民。

這首歌聽不清，我把音量開大點吧！

聽不清也許是音源的質量不好，不要盲目加大音量，一旦造成聽力損害可是很嚴重的。